Ibrahim Hussein

Promover a domesticação e a comercialização

Ibrahim Hussein

Promover a domesticação e a comercialização

ScienciaScripts

Imprint

Any brand names and product names mentioned in this book are subject to trademark, brand or patent protection and are trademarks or registered trademarks of their respective holders. The use of brand names, product names, common names, trade names, product descriptions etc. even without a particular marking in this work is in no way to be construed to mean that such names may be regarded as unrestricted in respect of trademark and brand protection legislation and could thus be used by anyone.

Cover image: www.ingimage.com

This book is a translation from the original published under ISBN 978-620-2-06332-6.

Publisher:
Sciencia Scripts
is a trademark of
Dodo Books Indian Ocean Ltd. and OmniScriptum S.R.L publishing group

120 High Road, East Finchley, London, N2 9ED, United Kingdom
Str. Armeneasca 28/1, office 1, Chisinau MD-2012, Republic of Moldova, Europe
Printed at: see last page
ISBN: 978-620-7-77439-5

Copyright © Ibrahim Hussein
Copyright © 2024 Dodo Books Indian Ocean Ltd. and OmniScriptum S.R.L publishing group

Os produtos florestais não lenhosos (PFNM) menos conhecidos, nomeadamente *a Passiflora edulis* e a *Telfairia pedata,* têm um potencial de rendimento que ainda não foi totalmente explorado. Foram insuficientemente investigados e o seu potencial económico não foi, portanto, considerado de forma adequada. Este estudo, realizado em setembro de 2007, aborda o potencial oculto dos PFNL menos conhecidos, em particular *T. pedata* e *P. edulis,* para a diversificação dos meios de subsistência e a conservação das florestas nos distritos de Mwanga e Lushoto, na Tanzânia, investigando se e como a domesticação destas espécies e as estratégias de comercialização afectam as atitudes das comunidades locais em relação à plantação de árvores. Questionários estruturados, Avaliação Rural Participativa (PRA), narrativas orais, entrevistas semi-estruturadas, observação participante, levantamentos botânicos e revisão de dados secundários foram os principais métodos de recolha de dados neste estudo. Os programas informáticos Statistical Package for Social Science (SPSS) e Microsoft Excel foram utilizados para analisar os dados.

Os resultados mostram discrepâncias na disponibilidade de *T. pedata* e *P. edulis* nos dois distritos. A análise das tendências de disponibilidade mostrou que a disponibilidade tanto de T. *pedata* como de P. *edulis* registou um declínio mais acentuado nos últimos 40 anos. Há várias razões para esta tendência decrescente, mas a infestação crescente por pragas e doenças e a promoção de passifloras exóticas são as principais razões.

Todos os inquiridos indicaram que usam *T. pedata* para diferentes fins. Enquanto todos os inquiridos no distrito de Mwanga referiram usar T. *pedata* como óleo de cozinha tradicional, a maioria dos inquiridos em Lushoto usa os frutos secos desta espécie para fins culturais (como complemento da comida para mulheres recém-paridas). Existe uma discrepância entre os dois distritos em termos de preferência por *T. pedata* e *P. edulis.* A perceção das fontes de frutos secos de *T. pedata* e de maracujá de P. *edulis* revelou que a maior parte destes frutos secos e maracujá são obtidos em terrenos agrícolas e à volta das propriedades.

O estado da produção de *T. pedata* e *P. edulis* mostra que a proporção de agregados familiares que cultivam estas espécies (*T. pedata* e *P. edulis)* e o número de plantas por agregado familiar estão a diminuir devido à infestação frequente de doenças e pragas de insectos e à promoção de maracujás exóticos e óleos comestíveis. Como ambas as espécies são trepadeiras, as árvores hospedeiras são importantes para o seu crescimento. Neste estudo, um total de 198 árvores, distribuídas por 21 espécies, foram identificadas como árvores hospedeiras preferenciais para estas espécies. A maioria dos inquiridos nos distritos de Mwanga e Lushoto plantou árvores para vários fins e, no processo, decidiu utilizá-las como árvores hospedeiras de *T. pedata* e *P. edulis.*

As análises históricas mostram que, nos tempos pré-coloniais, a maioria das nozes de *T. pedata* e os maracujás indígenas eram facilmente obtidos nas florestas. Uma vez que estes alimentos da floresta também eram consumidos por animais selvagens, pensa-se que os animais que comiam estas nozes e maracujás iniciaram os esforços de domesticação destas espécies. Como a disponibilidade destas nozes nas florestas diminuiu durante as eras colonial e pós-colonial, as comunidades locais capitalizaram os esforços dos animais selvagens e domesticaram mais plantas nas quintas e à volta das propriedades. No entanto, nos últimos 40 anos, a disponibilidade de *T. pedata* e *P. edulis* diminuiu, independentemente dos esforços de domesticação.

A utilização dos frutos secos de *T.* pedata está relacionada com normas e crenças culturais, como a proibição de as mulheres plantarem *T. pedata, a* comercialização de *T. pedata* como um domínio das mulheres, o facto de *P. edulis* ser culturalmente considerado um alimento para crianças, o facto de árvores sagradas como *Ficus thorningii* não serem utilizadas como hospedeiras de *T. pedata* e *P. edulis*, o facto de os frutos secos de T. pedata ainda não estarem totalmente desenvolvidos para serem utilizados na resolução de conflitos e como complemento da dieta das mulheres.

Os resultados também mostram cinco índices de conhecimento indígena relacionados com o consumo e a domesticação destas duas espécies, com a maioria dos inquiridos a referir conhecimentos herdados de utilização e domesticação. Existe uma clara disparidade de género nas actividades e decisões relacionadas com a produção e comercialização de *T. pedata* e *P. edulis*. Os homens parecem dominar todas as actividades e decisões, com exceção da comercialização, que é o domínio das mulheres.

O estudo de mercado revelou que *a T. pedata* e a *P. edulis* provêm *de* diferentes fontes e são comercializadas em diferentes locais. Em termos de níveis de mercado, a maioria dos comerciantes de T. *pedata* e P. *edulis* nos mercados locais vendia os seus frutos secos aos consumidores finais, enquanto os clientes dos comerciantes que vendiam estes frutos secos nos mercados distritais, regionais e nacionais consistiam em consumidores finais, intermediários e uma mistura de intermediários e consumidores finais.

Existe também uma discrepância entre os comerciantes locais e os comerciantes dos mercados distritais, regionais e nacionais em termos de fontes de informação sobre o mercado. A determinação do preço da *T. pedata* e da *P. eduis* é determinada por quatro factores, sendo o momento/época o que desempenha o papel mais importante, seguido da negociação, do preço de mercado e, finalmente, do custo total.

A análise dos preços de venda revelou que o preço da *T. pedata* varia de 600/= a 2800/= TAS por quilograma, dependendo do paradigma da procura e da oferta e da fonte de mercado. Para a *P. edulis,* o preço médio de venda é de 1500/= TAS por quilograma, o que é bastante superior ao preço do maracujá exótico vendido numa gama de preços de 200/= a 500/= TAS por quilograma. No entanto, há indicações de que os preços dos produtos destas duas espécies continuarão a aumentar, uma vez que se registou um aumento dos preços nos últimos 20 anos.

Uma comparação das preferências dos clientes entre *T. pedata* e outros frutos secos e *P. edulis* e maracujá exótico mostrou que os frutos secos de *T.* pedata são fortemente preferidos pelos clientes em comparação com outros frutos secos, enquanto os clientes preferem fortemente o maracujá exótico em comparação com *P. edulis*. A forte preferência pela T. *pedata* em relação a outros frutos secos aumentou a procura destes frutos secos indígenas em comparação com a oferta. Ironicamente, a escassez de frutos secos de *T.* pedata e de maracujá *P.* edulis foi considerada como o principal obstáculo ao comércio destes produtos. Todos os inquiridos (100%) indicaram que não existem iniciativas de adição de valor ou esforços para promover a comercialização de produtos destas duas espécies vegetais.

A domesticação de *T. pedata* e *P. edulis* pode ser considerada uma atividade geradora de rendimentos porque o mercado é conhecido, a procura está a aumentar, são considerados bens de consumo, o preço é competitivo e são considerados culturas de rendimento, há terra disponível, há árvores hospedeiras disponíveis e o uso cultural e as normas estão associados a estas espécies. Estes são alguns dos potenciais para a domesticação. A análise das barreiras à domesticação de *T. pedata* e *P. edulis* revelou que as pragas e as doenças são o principal obstáculo.

Os factores que podem ser considerados como potenciais para a comercialização de *T. pedata* e *P. edulis* incluem o aumento da procura em relação à oferta, o mercado pronto, o custo do óleo comestível industrial e a elevada qualidade do óleo. Os factores que dificultam a comercialização dos produtos destas espécies incluem a disponibilidade decrescente de frutos secos e maracujás destas espécies, a promoção crescente do óleo comestível industrial e dos maracujás exóticos; a produção é ainda em pequenas quantidades, a falta de valor acrescentado a estes produtos e o conhecimento insuficiente do potencial de comercialização.

A degradação ambiental nas florestas foi o gatilho para a domesticação de *T. pedata* e *P. edulis*. Além disso, o facto de *a T. pedata* e a P. *edulis* serem raramente encontradas nas florestas e de a procura estar a aumentar desencadeou automaticamente a domesticação para plantar árvores. Em geral, a relação entre a domesticação de T. *pedata* e P. *edulis* e a plantação de árvores é vista de forma muito positiva (81%). Para além disso, a crença de que é pecado cortar árvores que albergam T. *pedata* encoraja a conservação da floresta. Oitenta e seis e 78% dos inquiridos dos distritos de Mwanga e Lushoto, respetivamente, afirmaram que é pecado *cortar* árvores que albergam T. *pedata*, mesmo quando há uma grande necessidade de produtos arbóreos. Existe também uma ligação entre a produção de *T. pedata e a* conservação das florestas, uma vez que as florestas sagradas onde as suas árvores *albergam T. pedata* são mais bem protegidas do que as florestas sem este potencial.

As questões políticas mais importantes que estão a surgir são as seguintes
- Apesar das boas intenções do governo da Tanzânia em matéria de redução da pobreza, o potencial dos produtos florestais não madeireiros menos conhecidos, como as nozes de *T. pedata* e o maracujá indígena (*P. edulis*), como atividade geradora de rendimentos para as comunidades locais e respeitadora do ambiente, nunca foi reconhecido com a amplitude que merece. Mesmo quando o seu potencial é

reconhecido, existem poucos incentivos políticos para promover a domesticação das espécies e a comercialização dos produtos. De facto, existe uma confusão política. Quando estas espécies se encontram nas florestas, são consideradas plantas florestais e são reguladas pela política florestal, mas quando são domesticadas em terrenos agrícolas ou perto de habitações, passam a ser culturas agrícolas e são reguladas pela política agrícola. No entanto, os agricultores que produzem estes produtos não sabem ao certo qual é o sector responsável pela regulamentação das suas actividades nesta matéria. Por conseguinte, o governo pode melhorar a situação adoptando medidas que possam colmatar esta lacuna.

- Como o café, que durante anos foi uma importante fonte de rendimento para as comunidades locais da região, está a enfrentar problemas de mercado e a procura de alimentos naturais está a aumentar entre as populações rurais e urbanas, o governo poderia promover a *T. pedata* e a *P. edulis* como fontes de rendimento e, assim, preencher a lacuna deixada pelo café. Isto poderia ser feito através da introdução de farinhas para óleos de moagem de *T. pedata* e deveria ser considerado na política agrícola.

- As comunidades locais são geralmente os iniciadores do conhecimento sobre a utilização e produção destas espécies. Por conseguinte, o seu conhecimento deve ser tido em conta e integrado no conhecimento convencional aquando da formalização destas culturas e da sua classificação como culturas de rendimento.

- No que diz respeito à GFP, existe algum potencial para desenvolver um programa de GFJ bem sucedido, promovendo actividades alternativas de geração de rendimentos baseadas na produção e comercialização de *T. pedata* e *P. edulis*. Como estas trepadeiras necessitam de árvores hospedeiras e não matam os seus hospedeiros, as árvores florestais poderiam ser utilizadas como árvores hospedeiras para elas, promovendo assim a participação na GFJ.

A promoção da domesticação e comercialização de *T. pedata,* que tem um teor comprovadamente elevado de óleo comestível sem colesterol (60%), e de *P. edulis,* que tem um elevado potencial de seiva, especialmente nos centros urbanos e periurbanos, melhorará o rendimento das comunidades rurais e urbanas e promoverá a conservação das florestas. Este objetivo será alcançado através do aumento da plantação de árvores nas explorações agrícolas (árvores hospedeiras destas espécies) e da melhoria da participação na Gestão Florestal Conjunta, permitindo às comunidades locais plantar as espécies nas florestas e utilizar as árvores florestais como árvores hospedeiras. Uma vez que as comunidades locais sabem que podem gerar rendimentos a partir dos frutos e nozes, estão dispostas a participar em actividades de GFC destinadas à conservação das florestas. Por outro lado, a promoção da domesticação e comercialização de PFNM menos conhecidos facilitará o desenvolvimento de microempresas para a transformação e venda destes produtos, estimulando assim a sua utilização, melhorando os meios de subsistência das comunidades locais e reduzindo a dependência de actividades florestais destrutivas como fontes de rendimento, o que, por sua vez, melhora a conservação das florestas.

Capítulo 2 INTRODUÇÃO

2.1 Antecedentes

Os produtos florestais menos conhecidos (negligenciados ou subutilizados) são produtos de origem florestal cujo potencial de contribuição para a segurança alimentar, a geração de rendimentos e os serviços ambientais não está realizado (Jaenicke & Hoschle-Zeledon, 2006). Existem dois paradigmas: os produtos florestais lenhosos e os produtos florestais não lenhosos (PFNM). Embora tanto os produtos florestais baseados na madeira como os PFNM proporcionem segurança alimentar e rendimento às famílias de pequenos agricultores, a maioria dos estudos sobre espécies negligenciadas tende a centrar-se nas espécies baseadas na madeira (Padulosi, 1990; Williams e Haq, 2000; MNRT, 2000; *ibid.*).

Os produtos florestais não lenhosos (PFNM) são todos os materiais biológicos (exceto a madeira industrial em toro e a madeira serrada) que podem ser extraídos de ecossistemas naturais ou de plantações/florestas/terrenos agrícolas geridos e utilizados ou comercializados. São uma fonte importante de alimentos (legumes, frutos, nozes, tubérculos, raízes e rebentos), medicamentos, alimentos para animais, corantes, especiarias, alimentos de luxo, gomas e resinas. Embora os frutos e as nozes sejam os PFNL mais valorizados, uma vez que proporcionam rendimentos e valor nutricional às populações rurais e urbanas, não há conhecimentos suficientes sobre a utilização, o estado de domesticação e o potencial de mercado dos PFNL menos conhecidos na Tanzânia, devido à sua reduzida importância e à urbanização.

A Passiflora edulis e a *Telfairia pedata* estão entre os frutos e nozes indígenas menos conhecidos que oferecem um potencial de rendimento para as populações rurais e urbanas, uma vez que podem ser colhidos durante todo o ano se forem corretamente geridos. São nativas da Tanzânia, particularmente nas montanhas Pare e Usambara, onde se situam os distritos de Mwanga e Lushoto (Msuya, 1998; Nyambo *et al.*; 2005). As duas espécies não se encontram apenas em florestas, mas também são domesticadas em quintas e em redor de propriedades rurais, mas a sua população diminuiu nos últimos anos por razões desconhecidas (Mwihomeke, *et al.*, 1998; Msuya e Kapinga, 2006). Os seus frutos e nozes têm sido comercializados nos mercados rurais e urbanos desde os anos 60, mas o seu potencial económico tem sido subutilizado. Apesar do seu potencial de comercialização, pouca atenção tem sido dada à comercialização não só de *P. edulis* e *T. pedata, mas de* todos os PFNMs, embora o ICRAF tenha tentado domesticá-los e comercializá-los nas florestas de Miombo da região de Tabora (Oduol, *et al.,* 2004). A promoção da domesticação tem um efeito positivo na conservação da floresta, uma vez que ambas as espécies são trepadeiras que necessitam de árvores hospedeiras para suportar o seu crescimento, mas não matam os seus hospedeiros (Msuya, 1998).

2.2 Definição e justificação do problema

Um grande desafio para o sucesso da gestão participativa das florestas (GFP) na Tanzânia é a fraca participação das comunidades nas actividades de gestão conjunta das florestas, causada pela falta de actividades sustentáveis geradoras de rendimentos, o que é exacerbado pela insuficiente diversificação das fontes de rendimento. A apicultura tem sido promovida como a principal atividade geradora de rendimentos para promover a participação na gestão conjunta das florestas (Msuya *et al.*, 2004a), mas algumas deficiências têm sido ignoradas, como a falta de água, a baixa diversidade floral e a desigualdade entre os sexos devido à morosidade das actividades relacionadas com a apicultura. Os PFNL menos conhecidos, especialmente *T. pedata* e *P. edulis*, têm um potencial de rendimento que ainda não foi totalmente explorado. São pouco investigadas e o seu potencial económico não foi, portanto, suficientemente considerado. A literatura disponível sobre PFNL centra-se mais na domesticação e comercialização de espécies medicinais, frutos, nozes, gomas e resinas, legumes e cogumelos conhecidos (Harkonen *et al.*, 2003; Kagya *et al.,* 2004; Mbwambo, *et al.*, 2005; Madoffe *et al.*, 2005), enquanto as espécies menos conhecidas têm recebido pouca atenção. Quando limitado a frutos e nozes, não há evidência de investigação sobre domesticação e comercialização de espécies menos conhecidas como *T. pedata* e *P. edulis, uma* vez que a maioria dos estudos é dedicada a espécies bem conhecidas, como *Adansonia digitata, Allanblackia* spp, *Berchemia discolor, Flacourtia indica, Parinari spp, Sclerocarya birrea* subsp. *caffra, Strychnos coculoides, Tamarindus indica* e *Vitex spp.* (Msuya, 1998; Oduol *et al*, 2004; Leakey, 2005; Jaenicke & Hoschle-Zeledon, 2006). É importante notar que as duas espécies foram ignoradas na lista de plantas silvestres comestíveis da Tanzânia (Ruffo *et al.*, 2002) e apenas *T. pedata*, mas não *P. edulis,* está listada no livro de frutos e nozes da Tanzânia (Nyambo *et al.*, 2005),

Apesar do preço competitivo de mercado obtido pelos frutos de *P. edulis* (2.500/= TAS por kg) e pelas nozes de *T. pedata* (2.000/= TAS por kg) (Msuya e Kapinga, 2006), os produtos destas espécies (frutos e nozes) raramente estão disponíveis nos mercados devido a esforços insuficientes para promover a domesticação e comercialização. Este potencial de comercialização está a levar as populações rurais e urbanas a empenharem-se mais na domesticação e no comércio de nozes e frutos destas espécies. Esta é uma das fontes alternativas inexploradas de rendimento e emprego para encorajar a participação na JFM e na plantação de árvores. Neste contexto, o conhecimento sobre a rentabilidade potencial dos PFNM menos conhecidos é limitado entre as instituições financeiras, o sector privado, as ONG, os políticos e os decisores políticos. Para além disso, o estado dos recursos de *T. pedata* e *P. edulis* e o estado dos seus hospedeiros ainda não são conhecidos. A informação sobre os valores culturais, os papéis de género e os factores que influenciam o consumo, a domesticação e a comercialização de T. *pedata* e P. *edulis* também é escassa.

Este estudo ajudará a compreender as oportunidades e os obstáculos à domesticação e comercialização de PFNM menos conhecidos, com especial incidência em *T. pedata* e *P. edulis, a* fim de diversificar as actividades geradoras de rendimentos e promover a conservação das florestas nos distritos de Mwanga e Lushoto. Com este conhecimento, podemos então propor estratégias para promover a domesticação e a comercialização de PFNM menos conhecidos na Tanzânia. Este estudo tem um impacto positivo no Programa Nacional de Florestas (PNF) e no MKUKUTA através da contribuição para a "Domesticação e comercialização de produtos florestais não lenhosos" no âmbito do PNF (MNRT, 2001) e do grupo MKUKUTA "Promoção de programas que criem oportunidades de rendimento para mulheres e homens rurais" (URT, 2006).

2.3 Objectivos da investigação

2.3.1 Objetivo geral
Este estudo aborda o potencial oculto dos PFNM menos conhecidos, particularmente *T. pedata* e *P. edulis,* para a diversificação dos meios de subsistência e a conservação das florestas nos distritos de Mwanga e Lushoto, investigando se e como a domesticação destas espécies e as estratégias de comercialização influenciam as atitudes das comunidades locais relativamente à plantação de árvores.

2.3.2 Objetivo específico
i)   Avaliação da disponibilidade, utilização e estado de produção de *P. edulis* e *T. pedata* e identificação dos seus hospedeiros
ii) Investigação sobre a história, as práticas culturais e os conhecimentos indígenas associados à produção, utilização e domesticação de *P. edulis* e *T. pedata*
iii) Avaliação do papel do género na utilização, produção e comercialização de P. *edulis* e *T. pedata* iv) Avaliação da regulamentação do mercado e das oportunidades comerciais para *P. edulis* e T. *pedata*
v)   Avaliação do potencial e dos condicionalismos para a domesticação e

comercialização de *P. edulis*

   e *T. pedate*

Capítulo 3 ÁREA E METODOLOGIA DO INQUÉRITO

3.1 Área de estudo Descrição

O estudo foi realizado entre setembro de 2007 e setembro de 2008 nos distritos de Mwanga e Lushoto, que se situam nas Montanhas Pare do Norte e nas Montanhas Usambara do Oeste, respetivamente. Mwanga é um dos sete distritos da região do Kilimanjaro e faz fronteira com o Quénia a leste, com o distrito de Same a sul e com os condados de Simanjiro e Moshi a oeste e a norte, respetivamente. A precipitação é mais elevada a leste (600-1.000 mm por ano) e mais baixa a oeste (300-600 mm) (Mwihomeke *et al.*, 1998). [2]Sendo um dos oito distritos da região de Tanga, o distrito de Lushoto, com uma área de 2.500 km, faz fronteira com o Quénia a nordeste, Muheza a sudeste, Korogwe a sul e sudoeste e Same a noroeste. As zonas altas do distrito recebem mais precipitação, nomeadamente uma média de 1050 mm por ano, enquanto as zonas baixas recebem menos precipitação (611 mm). Ambos os distritos estão situados no nordeste da Tanzânia.

3.2 Conceção da amostragem

Foram utilizadas amostras aleatórias orientadas e estratificadas para selecionar as unidades de estudo. Foi utilizado um procedimento intencional para selecionar os distritos que preenchiam os requisitos para o estudo. Isto incluiu a presença de agregados familiares envolvidos na produção e comércio de *T. pedata* e *P. edulis*, bem como a acessibilidade. Dois distritos foram seleccionados propositadamente com base *nos* anos de experiência na produção, consumo e comercialização de T. *pedata* e P. *eduli e na* distância das florestas naturais. Os distritos de Msangeni (Mwanga) e Soni (Lushoto) foram seleccionados para representar distritos que estão longe (mais de 10 km) das florestas naturais, enquanto Mwaniko (Mwanga) e Rangwi (Lushoto) representam distritos que estão mais perto das florestas naturais. Em cada distrito, foi selecionada propositadamente uma aldeia onde viviam as famílias que cultivavam e/ou comercializavam *T. pedata* e/ou *P. edulis*. Neste sentido, foram seleccionadas as aldeias de Mamba do distrito de Msangeni, Vuchama Ngofi de Mwaniko, Kisiwani do distrito de Soni e Longoi do distrito de Rangwi. Foi utilizada uma amostragem aleatória simples para selecionar os agregados familiares que foram utilizados para o estudo detalhado. Em termos de intensidade de amostragem, este estudo utilizou uma intensidade de amostragem entre 5% e 15% na seleção de agregados familiares para o inquérito por questionário. A Tabela 1 mostra a intensidade de amostragem e o tamanho da amostra para cada aldeia e a amostra total para este estudo.

Quadro 1: Amostras de agregados familiares por aldeia, dimensão da amostra e intensidade da amostra na área de estudo

Village	Households	Sample size	% Sampling intensity
Mamba	250	36	14
Vuchama Ngofi	700	40	6
Kisiwani	300	40	13
Longoi	338	40	12
Total	950	76	8

3.3 Métodos de recolha de dados

Para este estudo, foram recolhidos dados primários e secundários. Foram utilizados métodos sócio-antropológicos e ecológicos para recolher os dados primários. Estes incluem técnicas como a avaliação rural participativa (PRA), métodos de entrevista, observação participante, inquéritos de mercado, inquéritos botânicos para identificar e quantificar as árvores utilizadas como hospedeiras destas duas espécies. Esta combinação de técnicas ajudou a complementar as limitações com uma técnica que permite o controlo cruzado e a verificação (triangulação) (Mikkelsen, 1995). Os dados secundários foram recolhidos através da verificação das informações existentes.

i) PRA

Trata-se de um método exploratório que tem por objetivo estabelecer um diálogo com a comunidade e obter dela as informações necessárias através de uma comunicação participativa e de métodos analíticos. Um grupo de ARP era composto por 20 a 30 participantes. Para obter pontos de vista representativos da comunidade, foram realizadas duas sessões paralelas de ARP em cada aldeia (uma para homens e outra para mulheres), uma vez que a maioria das mulheres rurais tem medo de falar em frente dos seus maridos. Este estudo utilizou ferramentas de ARP, tais como a análise de tendências para avaliar o desenvolvimento histórico da utilização e gestão das duas espécies, discussões de grupos de foco e classificação e pontuação para diagnosticar problemas/constrangimentos à domesticação e comercialização, e cartografia de recursos para mapear as áreas onde as espécies ocorrem.

ii) Métodos de inquérito

Estas incluíram **entrevistas não estruturadas** (conversas casuais com os entrevistados, geralmente informadores-chave), **entrevistas semi-estruturadas (SSI)** (realizadas utilizando uma lista de verificação com informadores-chave para complementar a informação obtida através de entrevistas estruturadas e PRA), histórias **orais** (outra forma de SSI, mas concebida para recolher informação sobre a evolução histórica da utilização e conservação das espécies) e **entrevistas estruturadas** utilizando questionários estruturados com perguntas abertas, fechadas e tabulares.

iii) Investigação botânica

Para este fim, foi efectuado um inventário nas terras agrícolas e na vizinhança das propriedades para identificar e quantificar as espécies de árvores que servem de hospedeiras para *P. edulis* e *T. pedata*. Um botânico do centro de investigação TAFORI em Lushoto ajudou nesta tarefa.

iv) Análises de mercado

Foram inquiridos um total de dez mercados locais, distritais, regionais e nacionais. Enquanto Kikweni, Chanjale, Sunga e Soni representam os centros de mercado locais, Mwanga e Lushoto representam os mercados distritais, enquanto os mercados regionais são representados por Himo, Kiboroloni e Tanga e Kariakoo representa o mercado nacional. O estudo de mercado foi necessário para monitorizar e avaliar o comércio de nozes e frutos destas espécies, a fim de determinar o potencial de mercado. A informação recolhida inclui preços (venda e compra), padrões de procura e oferta, historial comercial e preferências em comparação com outros produtos relacionados, bem como informação sobre o valor acrescentado.

v) Observação participativa/direta e recolha de dados secundários

Este método é importante para observar as coisas no local (observação direta) e recolher as informações secundárias necessárias.

3.4   Analisar os dados

Os dados quantitativos da entrevista estruturada e da avaliação dos recursos foram analisados estatisticamente utilizando o SPSS. As análises descritivas e as tabulações cruzadas foram utilizadas principalmente para os dados do questionário. Os dados do inventário foram analisados em termos de composição de espécies, abundância e dominância de espécies. Os dados qualitativos obtidos a partir dos exercícios de ARP foram analisados em colaboração com os municípios e os resultados são utilizados juntamente com os dados quantitativos para triangular e complementar os dados recolhidos por outros métodos. As análises de conteúdo e estrutural-funcional foram utilizadas para analisar os dados qualitativos recolhidos através de discussões em grupos de discussão, entrevistas com informadores-chave e observação direta. Neste método, o diálogo registado é dividido nas unidades de informação mais pequenas e significativas ou em temas e tendências.

4.1 Disponibilidade e consumo de T. pedata e P. edulis

4.1.1 Disponibilidade de *T. pedata* e *P. edulis*

Os resultados mostram discrepâncias na disponibilidade de *T. pedata* e *P. edulis* entre os dois distritos (Fig. 1). A maioria dos inquiridos acredita que a T. *pedata* está mais facilmente disponível no distrito de Mwanga do que *outros frutos secos no* distrito de Lushoto. Em contraste, *P. edulis* está mais disponível no distrito de Lushoto do que no distrito de Mwanga.

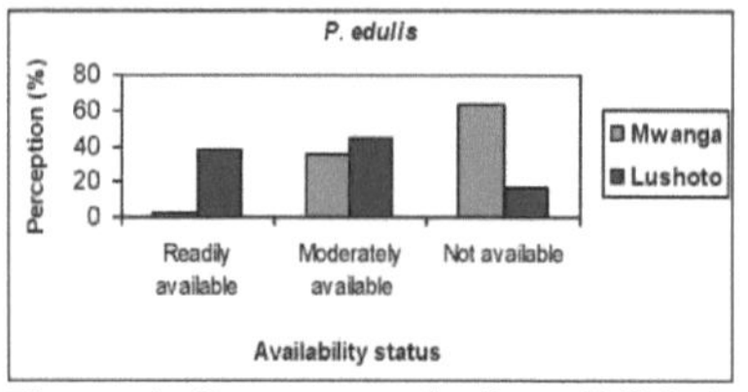
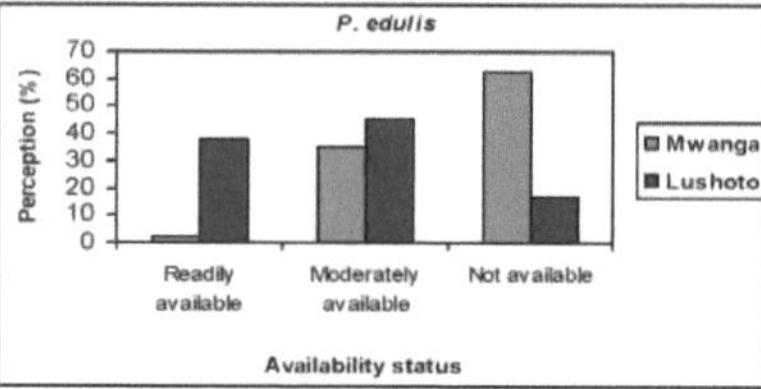

Figura 1: Comparação da disponibilidade de *T. pedata* e *P. edulis* nos distritos de Mwanga e Lushoto

Por outro lado, a análise das tendências de disponibilidade mostrou que a disponibilidade tanto de *T. pedata* como de *P. edulis* diminuiu nos últimos 40 anos (Fig. 2).

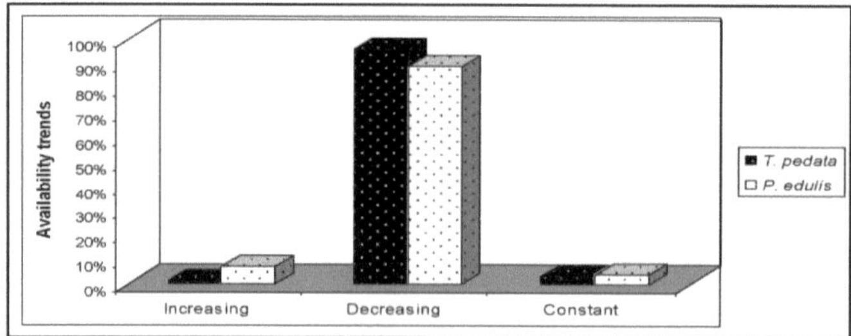

Figura 2: Evolução da disponibilidade de *T. pedata* e *P. edulis* na zona de estudo nos últimos 40 anos

Do ponto de vista das comunidades locais, há várias razões para o declínio da disponibilidade (Quadro 2), mas o aumento das infestações de pragas e doenças e a promoção do maracujá exótico nos anos 90 estão no topo da lista. Como os frutos secos e os maracujás destas espécies também servem de alimento a animais selvagens como os macacos e a ratazana toupeira, também conhecida como castor, um número crescente de pragas animais foi reportado por um número ligeiramente maior de inquiridos. Na classificação e pontuação por pares do exercício de ARP, as pragas e doenças também encabeçaram a lista de razões para a diminuição da disponibilidade tanto nos distritos de Mwanga como de Lushoto.

Table 2: Respostas múltiplas às razões para a diminuição da disponibilidade de *T.*

Reasons for decreasing availability of *T. peadata and P. edulis*	Perception of respondents (%)
Insect pests and diseases	75
Promotion of exotic passions	45
Increased number of animal pests	39
Lack of strategy for promoting domestication of these species	33
Decreasing number of trees on farmlands	24
Drought	21
Introduction of industrial cooking oil	18
Poor knowledge on proper seed determination	12

4.1.2 Consumo de *T. pedata* Todos os inquiridos indicaram que usam *T. pedata* para diferentes fins (Tabela 3). Enquanto todos os inquiridos no distrito de Mwanga referiram usar T. *pedata* como óleo de cozinha tradicional, a maioria dos inquiridos em Lushoto usa as nozes desta espécie para fins culturais (como complemento da comida para mulheres recém-paridas) (Quadro 3).

Tabela 3: Respostas à pergunta sobre o uso e a importância de *T. pedata* para as comunidades locais na área de estudo

Uses and importance of *T. pedata*	Perception of respondents (%)		
	Mwanga (n=76)	Lushoto (n=80)	Overall (n=156)
Traditional cooking oil	100	28	64
Cultural value	49	51	50
Additive to traditional food	38	40	39
Traditional medicine	33	43	38
Source of income	26	25	21
Larding oil for elders	12	29	21

Existe uma discrepância entre os dois distritos na preferência por *T. pedata* e *P. edulis*. Enquanto a maioria dos inquiridos no Distrito de Mwanga preferiu a primeira, a segunda foi muito mais preferida no Distrito de Lushoto (Fig. 3).

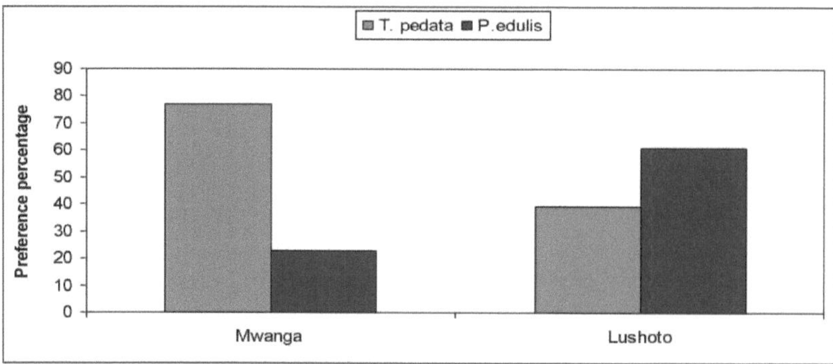

Figure 3: Comparação da preferência de *T. pedata* e *P. edulis* nos distritos de Mwanga e Lushoto

A perceção das comunidades locais sobre as fontes de castanha de *T. pedata* e maracujá de *P. edulis* (Fig. 4) revelou que a maioria das castanhas e maracujás provém de terras agrícolas e da vizinhança das propriedades. Outras fontes, como a compra e a recolha nas florestas, só foram mencionadas por alguns inquiridos. Por outro lado, todos os inquiridos afirmaram possuir terras utilizadas para o cultivo de *T. pedata* e *P. edulis*.

Figure 4: Fontes de *T. pedata* e *P. edulis* nos dois distritos do estudo de caso

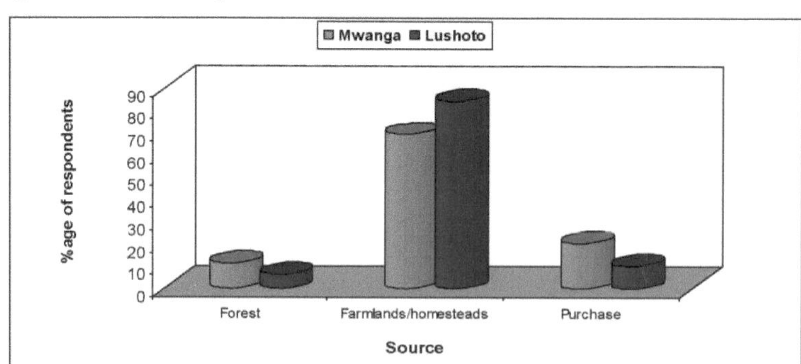

4.2   *T.* Estado de produção de *Pedata* e *P. edulis* e identificação de hospedeiros

As percepções sobre o estado de produção de *T. pedata* e *P. edulis* (Fig. 5) mostram que a proporção de agregados familiares que cultivam estas espécies (*T. pedata* e *P. edulis*) e o número de plantas por agregado familiar estão a diminuir devido a vários factores, tais como a infestação frequente de doenças (Placa 1) e pragas de insectos e a promoção de passifloras exóticas.

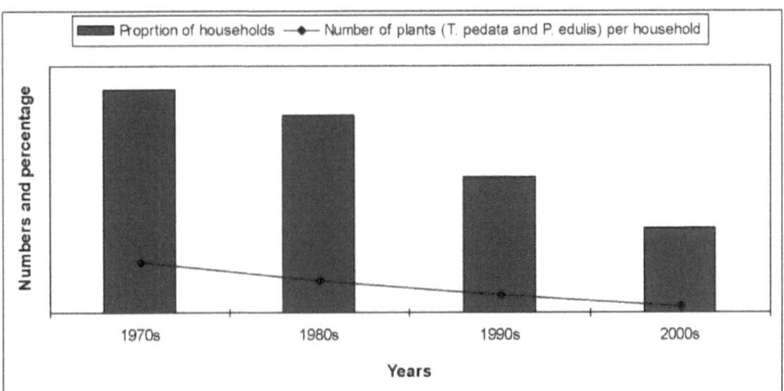

Figure 5:   Resposta ao estado de produção de *T. pedata* e *P.* edulis nos últimos 40 anos na área de estudo

Como ambas as espécies são trepadeiras, os hospedeiros são importantes para o seu crescimento. Neste estudo, um total de 198 árvores, distribuídas por 21 espécies, foram identificadas como hospedeiras preferenciais para estas espécies (Quadro 4). Embora qualquer espécie arbórea *possa ser considerada* como hospedeira de *P. edulis*, as espécies arbóreas hospedeiras preferidas de *T. pedata* são as que têm um grande diâmetro de copa.

Placa 1: Doença ou pragas desconhecidas que atacam a base do caule de *T. pedata.*

É interessante notar que a maioria dos inquiridos nos distritos de Mwanga (90%) e Lushoto (81%) relatou ter plantado árvores para vários fins, incluindo lenha, sombra para o café, madeira, frutos e postes de construção, decidindo usá-las como hospedeiras de *T. pedata* e *P. edulis*.

Tabela 4: Lista e número de espécies de árvores favorecidas como hospedeiras de *T. pedata* e

Botanical name	Family	Number
Albizia adiantigolia.	Mimosaceae	1
Albizia gummifera	Mimosaceae	35
Albizia schimperana	Mimosaceae	11
Annona muricata	Annonaceae	12
Artocarpus heterophyllus	Moraceae	3
Bridelia micrantha	Euphobiaceae	3
Catha edulis	Celastraceae	2
Cordia Africana	Boraginaceae	40
Croton microstachys	Euphorbiaceae	5
Delonix regia	Caesalpinioideae	2
Erythrina abyssnica	Mimosaceae	7
Ficus natalensis	Moraceae	11
Ficus sycomurus	Moraceae	6
Grevillea robusta	Protaceae	5
Newtonia buchananii	Mimosaceae	12
Persea americana	Lauraceae	3
Prunus africana	Rosaceae	10
Rauvolfia caffra	Apocynaceae	12
Senna siamea	Caesalpiniaceae	3
Syzygium guineense	Myrtaceae	14
Tectona grandis	Verbenaceae	1
21	13	198

P. edulis na área de estudo

4.3 . História da produção, consumo e domesticação de *T. pedata* e *P. edulis*

As histórias orais e as análises do PRA revelaram que, nos tempos pré-coloniais, a maioria das nozes de *T. pedata* e os maracujás indígenas eram facilmente obtidos nas florestas. Uma vez que estes alimentos da floresta também eram consumidos por animais selvagens, acredita-se que os animais que comiam estas nozes e maracujás iniciaram os esforços de domesticação destas espécies. Quase toda a gente na área de estudo acredita que a domesticação de *T. pedata*, em particular, foi iniciada por uma toupeira, também conhecida como castor. À medida que a disponibilidade destas nozes diminuiu nas florestas durante o período colonial e posteriormente, as comunidades locais assumiram os esforços do rato-toupeira e domesticaram outras plantas nas quintas e à volta das propriedades. No entanto, nos últimos 40 anos, a disponibilidade de *T. pedata* e *P. edulis* diminuiu, independentemente dos esforços de domesticação (Fig. 6).

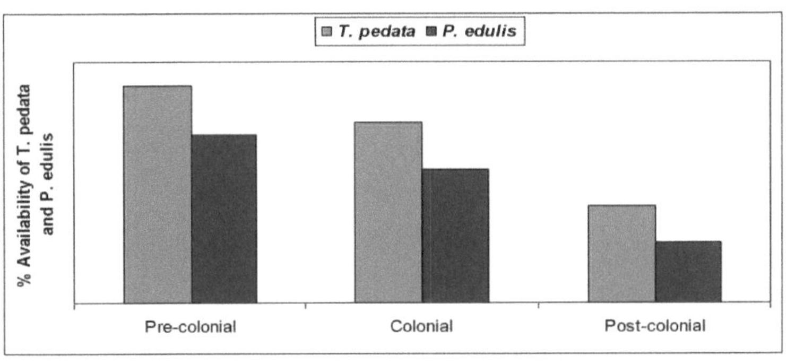

4.4 Práticas culturais e conhecimentos indígenas relacionados com a utilização, produção e comercialização de *T. pedata* e *P. edulis*

A utilização das nozes de *T. pedata e P. edulis* está relacionada com as normas e crenças culturais, como se afirma

no Quadro 5.

Tabela 5: Respostas sobre o uso cultural e normas relacionadas com *T. pedata* e *P. edulis* na área de estudo

Cultural use, production and marketing of *T. peadata* and *P. edulis*	Perception of respondents (%)		
	Mwanga (n=76)	Lushoto (n=80)	Overall (n=156)
Trees hosting *T. pedata* are culturally not allowed to be cut	66	53	60
Additive to delivery women's food	0	89	45
Marketing of *T. pedata* is culturally female domain	25	61	43
P. edulis is culturally considered children's food	18	43	31
Women are traditionally not allowed to plant *T. pedata*	32	25	29
Sacred trees such as Mringwa (*Ficus thorningii*) should not be used as host for *T. pedata* and *P. edulis*	15	39	27
T. pedata nuts which are not fully developed are used for conflict resolution	11	8	15

Os resultados também mostram cinco índices de conhecimento indígena relacionados ao consumo e domesticação dessas duas espécies, com a maioria dos entrevistados relatando conhecimento herdado de uso e domesticação (Tabela 6).

Tabela 6: Conhecimentos indígenas relacionados com o consumo e a domesticação de *T. pedata* e *P. edulis*

Indigenous knowledge indices	Perception of respondents (%)
Inherited knowledge on use and domestication of *T. pedata* and *P.edulis*	86
Traditional knowledge on seed selection	66
Knowledge on how to determine ripe *T. pedata* fruit	51
Knowledge on how to determine female plants	47
Medicinal value of *T. pedata* and *P. edulis*	32

Por outro lado, todos os inquiridos nos dois distritos afirmaram que não tinham recebido qualquer formação sobre o consumo, domesticação e comercialização de *T. pedata*. No entanto, 46% dos inquiridos do distrito de Lushoto afirmaram *ter recebido* formação sobre o cultivo de *P. edulis* no âmbito do projeto SECAP (Soil Erosion Conservation and Agroforestry Project).

4.5 Papéis de género na produção, utilização e comercialização de *T. pedata* e *P. edulis*

Existe uma clara diferença de género nas actividades e decisões relacionadas com a produção e comercialização de *T. pedata* e *P. edulis* (Quadro 7). Todas as actividades e decisões parecem ser dominadas pelos homens, exceto a comercialização de T. *pedata,* que parece ser do domínio das mulheres, e a preparação de sementes e plântulas, que é realizada tanto por homens como por mulheres.

Quadro 7: Actividades e decisões específicas do género sobre a utilização, produção e comercialização

Activities/decisions	Male		Female		Both	
	T. pedata	*P.edulis*	*T. pedata*	*P.edulis*	*T. pedata*	*P.edulis*
Decision on gendered activities	45	61	12	2	43	37
Seed and seedlings preparation	10	52	23	8	67	40
Decision on type of hosts tree to be planted	64	67	4	0	32	33
Planting	75	64	3	4	22	32
Directing to hosts	71	90	10	0	19	10
Harvesting	5	73	40	5	55	22
Marketing	3	53	89	8	8	39
Decision on expenditure of income from sales of nuts and passions	56	71	9	3	35	26

4.6 Oportunidades de marketing e comercialização

O inquérito de mercado revelou que os diferentes locais de mercado *têm* diferentes fontes de *T. pedata* (Fig. 8). Com a exceção dos mercados locais e distritais no distrito de Lushoto, que dependem mais de terrenos agrícolas ou herdades como fonte de nozes de *T.* pedata *e P. edulis* vendidas nos mercados, os outros locais de mercado dependem mais de intermediários como fonte principal. Por outro lado, verificou-se que os intermediários são a principal fonte de T. *pedata* e P. *edulis* vendidas em diferentes locais de mercado no distrito de Mwanga.

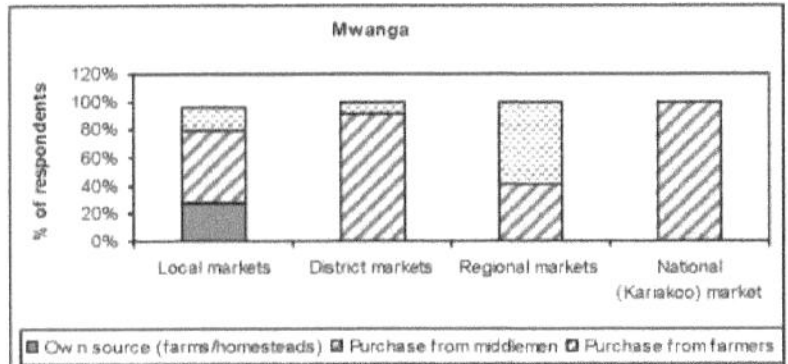

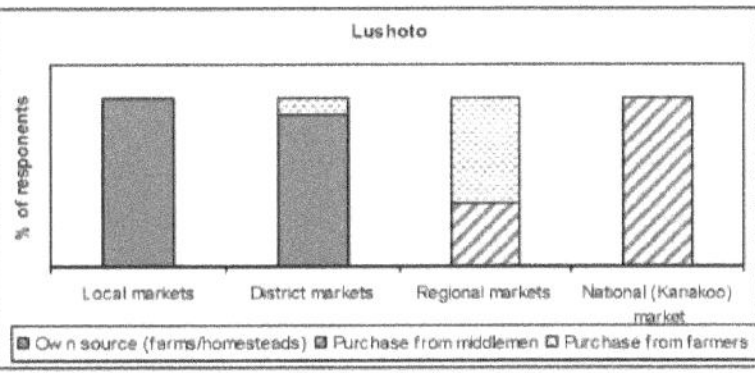

Figure 7: Em termos de níveis de mercado, a maioria dos comerciantes de *T. pedata* e *P. edulis* nos mercados locais vendeu os seus frutos secos aos consumidores finais (Fig. 8a), enquanto que os clientes dos comerciantes que venderam estes frutos secos nos mercados distritais, regionais e nacionais consistiam em consumidores finais, intermediários e uma mistura de intermediários e consumidores finais (Fig. 8b).

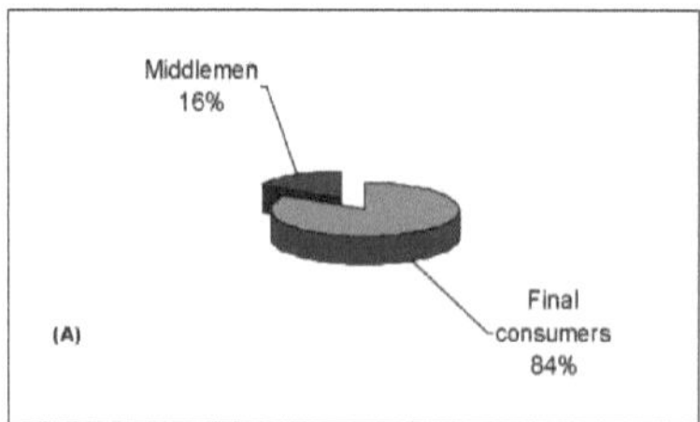

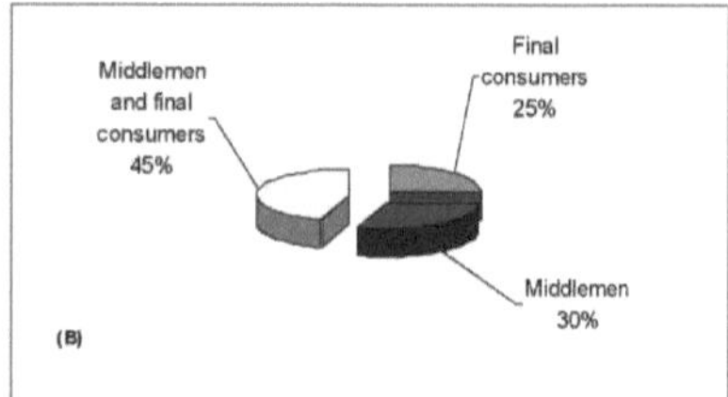

Figure 8: Resposta à diferenciação dos clientes entre mercados locais (a) e outros locais de mercado (b) na venda de frutos secos de T. pedata e *P. edulis*.

Há também uma discrepância nas fontes de informação sobre o mercado entre os comerciantes/respondentes locais e os comerciantes dos mercados distritais, regionais e nacionais (Tabela 8). Enquanto os inquiridos dos mercados locais não tinham informações sobre o mercado ou recebiam informações sobre o mercado de outros comerciantes e clientes, os comerciantes inquiridos de outros mercados fora da área de estudo recebiam informações sobre o mercado de outros comerciantes, clientes, produtores e intermediários. Nenhum recebeu esta informação dos meios de comunicação social.

Quadro 8: Respostas às fontes de informação sobre o mercado para *T. pedata* e *P. edulis*, discriminadas por mercados locais e outros locais de mercado

Source of market information	Respondents from local markets (%)	Percent of respondents from other market locations
Other traders	35	58
Customers	27	21
Producers	0	11
Middlemen	0	11
Mass media	0	0
No market information	38	0
Total	**100**	**100**

Como se pode ver no quadro 9, o preço de *T. pedata* e *P. eduis* foi determinado por quatro factores, com uma ligeira predominância do momento/época, seguido da negociação, do preço de mercado e, finalmente, do custo total.

Quadro 9: Respostas à determinação do preço para o comércio de *T. pedata* e *P. edulis* nos

Selling price dependence	No. of respondents	%
Time/season	32	41
Negotiation	20	26
Market price	15	19
Total cost incurred	11	14
Total	**78**	**100**

mercados analisados

A análise dos preços de venda revelou que o preço da *T. pedata* varia de 600/= a 2800/= TAS por quilograma, dependendo do paradigma da procura e da oferta e da fonte de mercado. Para *P. edulis,* o preço médio de venda é de 1500/= TAS por quilograma, o que é muito superior ao preço do maracujá exótico vendido numa gama de preços de 200/= a 500/= TAS por quilograma. Contudo, apenas alguns comerciantes utilizaram o quilograma como unidade de medida, enquanto que a maioria deles utilizou montes ou molhos, especialmente nos mercados locais (Quadro 2) e pequenos baldes, também conhecidos como *sadolim* (Quadros 3 e 4).

Há mesmo indícios de que os preços dos produtos destas duas espécies continuarão a aumentar, tal como têm vindo a aumentar nos últimos 20 anos (Fig. 9).

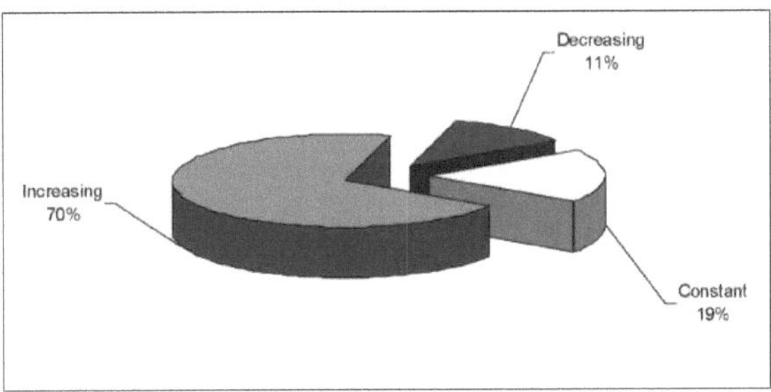

Figure 9: Evolução dos preços de *T. pedata* e *P. edulis nos* últimos 20 anos na zona de estudo

Ao analisar as preferências dos clientes entre *T. pedata* e outros frutos secos, bem como *P. edulis* e maracujá exótico, verificou-se que os frutos secos de *T.* pedata são fortemente preferidos pelos clientes em comparação com outros frutos secos, enquanto a preferência dos clientes pelo maracujá exótico é muito elevada em comparação com *P. edulis* (Fig.

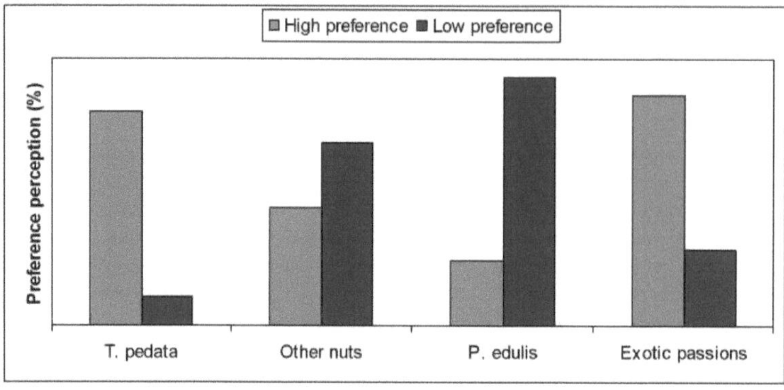

10).

Figure 10: Comparação das preferências dos clientes entre *T. pedata* e outros frutos de casca rija, bem como entre *P. edulis* e maracujá nos mercados inquiridos

A forte preferência por *T. pedata em comparação* com outros frutos secos aumentou a procura destes frutos secos autóctones. Como se pode ver na Fig. 11, a procura destes frutos secos autóctones (T. *pedata*) é significativamente maior do que a oferta. Isto é uma indicação da escassez destas nozes.

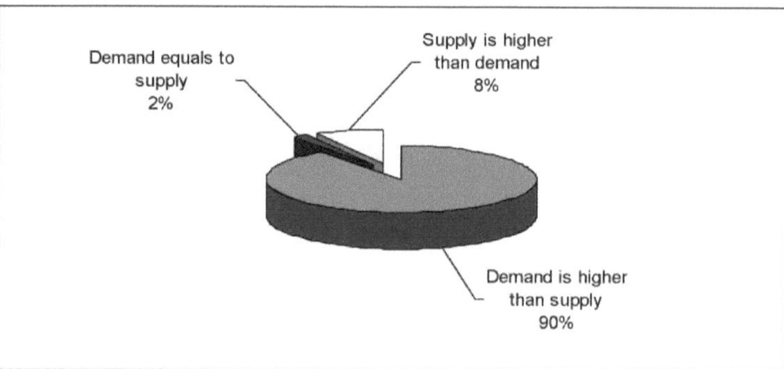

Figure 11: Comparação da procura e da oferta de *T. pedata nos* mercados analisados

Ironicamente, a falta de nozes *T.* pedata e maracujá *P.* edulis foi vista como a maior barreira ao comércio destes produtos (Tabela 11). Outras barreiras e suas respostas estão listadas numa tabela semelhante.

Table 10: Problemas associados ao comércio de *T. pedata* e *P. edulis*, tal como percepcionados nos mercados analisados

Problems associated with trade of *T. pedata* and *P. edulis*	Perception of respondents (%)
Shortage of nuts and passions from these species	41
Poor market infrastructure	23
Lack of storage knowledge and facility	18
Poor market communication	11
Poor market strategy	7

De facto, todos os inquiridos (100%) afirmam que não existem iniciativas para criar valor nem esforços para promover a comercialização de produtos destas duas espécies vegetais.

4.7 Potencialidades e obstáculos à domesticação e comercialização

4.7.1 Possibilidades e limitações da domesticação de *T. pedata* e *P. edulis*

Verificou-se que a domesticação de *T. pedata* e *P. edulis* pode ser considerada uma medida geradora de rendimentos pelas razões enumeradas no Quadro 11. Das cinco razões (conhecimento do mercado, aumento da procura, consideração como bem de consumo, preço competitivo e consideração como cultura comercial), o conhecimento do mercado foi mencionado por muitos inquiridos, seguido do aumento da procura.

Table 11: Resposta à questão de saber por que razão a domesticação de *T. pedata* e *P. edulis* deve ser considerada como uma medida geradora de rendimentos

Reasons	Mwanga		Lushoto	
	T. pedata	*P. edulis*	*T. pedata*	*P. edulis*
Read market	74%	32%	40%	53%
Increasing demand	51%	18%	13%	19%
Consumer goods	20%	4%	8%	12%
Competitive price	17%	39%	10%	25%
Cash crops	12%	7%	5%	31%

Além disso, o potencial de domesticação foi analisado com base nos factores que promovem a domesticação, como se mostra no quadro 12. Mais uma vez, o aumento da procura parece ser crucial para promover a domesticação de *T. pedata* e *P. edulis*.

Tabela 12: Factores que promovem a domesticação de *T. pedata* e *P. edulis na* região de estudo

Potentials for domestication	Number of Respondents	Percentage
Increased demand	59	77
Land availability (owned land)	45	59
Host trees availability	41	53
Cultural use and norms	32	42

A análise dos obstáculos à domesticação de *T. pedata* e *P. edulis* revelou que as pragas e doenças foram consideradas como o maior obstáculo pela maioria dos inquiridos (Quadro 13). Outros obstáculos listados nesta tabela são a seca, a fraca fertilidade do solo, a promoção insuficiente destas espécies, as pragas animais (castores e macacos) e a degradação ambiental sob a forma de abate excessivo de árvores. Em conformidade com os resultados do questionário, a classificação por pares (PRA) identificou as pragas e doenças como o obstáculo mais importante à domesticação de *T. pedata* em ambos os distritos.

Quadro 13: Respostas às restrições para a domesticação de *T. pedata* e *P. edulis*

Constraints to domestication	Perception of respondents (%)		
	Mwanga (n=76)	Lushoto (n=80)	Overall (n=156)
Pests and diseases	88	65	77
Drought	49	26	38
Poor soil fertility	45	45	45
Poor promotion for domestication and market	43	51	47
Animal pests	39	20	30
Environmental degradation (excessive tree cutting)	28	44	36

4.7.2 Oportunidades e obstáculos à comercialização de *T. pedata* e *P. edulis*

Este estudo revelou alguns factores que podem ser considerados como potenciais para a comercialização de *T. pedata* e *P. edulis* (quadro 14). Dos quatro factores enumerados neste quadro, o aumento da procura em relação à oferta parece ser o fator mais importante que favorece a comercialização destes produtos.

Outros factores que podem promover a comercialização e as suas reacções são descritos em

Tabela 14: Factores que promovem a comercialização de *T. pedata* e *P. edulis* na área de estudo

Potentials for commercialization	Number of Respondents	Percentage
Demand is higher than supply	66	42
Read market	60	38
Culture use of *T. pedata*	51	33
Industrial oil and other nuts are expensive	40	26
High quality oil	35	22

No entanto, existem também alguns factores que dificultam a comercialização dos produtos destas espécies. Para muitos inquiridos, a diminuição da disponibilidade de frutos secos e maracujá destas espécies é um grande obstáculo à sua comercialização, bem como o aumento da publicidade ao óleo alimentar industrial e ao maracujá exótico e o facto de a produção ser ainda em pequenas quantidades. Outros obstáculos menos preocupantes são a falta de valor acrescentado destes produtos e o conhecimento insuficiente do potencial de comercialização dos produtos destas espécies (Quadro 15).

Table 14. Obstáculos à comercialização de *T. pedata* e *P. edulis*, tal como são

Constraints for commercialization	Number of Respondents	Percentage
Increased promotion for industrial oil and exotic passions	92	59
Decreasing availability (low quantity)	69	44
Production is still in small scale	57	37
No value addition	41	26
Inadequate knowledge on market potentials of the products from these species	36	23

percepcionados na área de estudo

4.8 Relação entre a produção de *T. pedata* e *P. edulis* e a conservação das florestas

Cerca de 65 % dos inquiridos em Mwanga e 49 % no distrito de Lushoto afirmaram que a degradação ambiental nas florestas foi o gatilho para a domesticação de *T. pedata* e P. *edulis*. Além disso, o facto de *a T. pedata* e a P. *edulis* serem agora raramente encontradas nas florestas e de a procura estar a aumentar influenciou automaticamente a domesticação e levou à plantação de árvores. Em geral, a relação entre a domesticação de *T. pedata* e *P. edulis* e a plantação de árvores é vista de forma muito positiva (81%). Para além disso, a crença de que é um pecado cortar árvores que albergam T. *pedata* encoraja a conservação da floresta. Oitenta e seis por cento e 78% dos inquiridos dos distritos de Mwanga e Lushoto, respetivamente, afirmaram que é pecado cortar árvores que albergam T. *pedata*, mesmo quando há uma grande necessidade de produtos arbóreos. Por outro lado, 86% dos inquiridos no distrito de Mwanga vêem uma ligação entre a produção de *T. pedata e a* conservação da floresta, uma vez que as florestas sagradas onde as suas árvores *albergam T. pedata* são mais bem protegidas do que aquelas que não têm este potencial.

Os produtos florestais não lenhosos menos conhecidos desempenham um papel importante na geração de rendimentos para as populações rurais e urbanas. *Passiflora edulis* e *Telfairiapedata* estão entre os produtos florestais não-madeireiros menos conhecidos nos distritos de Mwanga e Lushoto que têm o potencial de melhorar os meios de subsistência das populações rurais e urbanas, uma vez que podem ser colhidos ao longo de todo o ano se forem corretamente geridos. Embora este estudo destaque as pragas e doenças como a principal ameaça ao crescimento de *T. pedata* e *P. edulis*, outros estudos indicam que não existem pragas e doenças graves que atacam *T. pedata* (Nyambo *et al.* (2005). A crescente promoção de maracujás exóticos levou a que *P. edulis* fosse considerada inferior às espécies exóticas. Por esta razão, P. *edulis* não é listado no livro intitulado fruits and nuts of Tanzania (Nyambo *et al.*, 2005) e noutro livro intitulado edible wild plants of Tanzania (Ruffo *et al.*, 2002).

P. edulis e *T. pedata* são trepadeiras e necessitam de árvores hospedeiras para suportar o seu crescimento. Este facto influenciou a plantação e a manutenção de árvores em terrenos agrícolas. Não é surpreendente que um grande número de espécies arbóreas sejam usadas como árvores hospedeiras para *T. pedata* e *P. edulis*, visto que a população local desenvolveu, desde há muito tempo, conhecimentos sobre a plantação e manipulação de árvores (Kajembe, 1994). Apesar da sua função como árvores hospedeiras, estas árvores têm uma série de benefícios, incluindo lenha, sombra para o café, madeira, frutos e postes de construção. Curiosamente, as árvores hospedeiras, especialmente *a T. pedata,* raramente são cortadas para outros fins, mesmo quando a procura de produtos florestais é elevada. Apesar do seu impacto positivo na conservação da floresta, a domesticação de *T. pedata* e *P. edulis* tem sido pouco investigada, uma vez que a maioria dos estudos se concentrou na promoção da domesticação de PFNMs conhecidos (Harkonen *et al.*, 2003; Kagya *et al.,* 2004; Mbwambo, *et al.*, 2005; Madoffe *et al.*, 2005) e deu menos ênfase aos menos conhecidos, como os investigados neste estudo.

Nos tempos pré-coloniais, as nozes de *T.* pedata e o maracujá indígena eram recolhidos nas florestas. No entanto, a sobre-exploração e as alterações climáticas reduziram a disponibilidade destes produtos nas florestas, desencadeando a domesticação. O papel hipotético dos castores na domesticação de *T. pedata* não é surpreendente, uma vez que este animal selvagem também utiliza os frutos secos desta espécie como alimento. Uma vez que os castores também utilizam o café como alimento e que o café se encontra nas terras agrícolas, o animal desempenhou um papel na domesticação, trazendo as nozes de *T. pedata* das florestas para as terras agrícolas. Como a disponibilidade destas nozes nas florestas diminuiu durante o período colonial e posteriormente, as comunidades locais capitalizaram os esforços do castor e domesticaram mais plantas *de T.* pedata. A adaptação do conhecimento trazido dos animais selvagens pode ser considerada como conhecimento indígena. Esta observação está de acordo com outros estudos anteriores nas montanhas de Usambara Ocidental que mostram a domesticação como um método indígena de conservação de plantas selvagens em terras agrícolas (Msuya *et al.*, 2008).

As normas culturais, práticas e conhecimentos indígenas relacionados com a utilização, produção e comercialização de *T. pedata* e *P. edulis* têm um impacto positivo na conservação da floresta. Por exemplo, as normas e crenças locais de que as árvores onde cresce T. *pedata* não devem ser cortadas e a prioridade dada às florestas sagradas onde as suas árvores albergam esta espécie têm impactos positivos directos na conservação da floresta. Por outro lado, o conhecimento indígena sobre como identificar os frutos maduros de *T. pedata* antes de poderem cair tem um impacto indireto na conservação da floresta. Isto deve-se ao facto de as comunidades locais poderem ser autorizadas a utilizar árvores florestais como hospedeiras para a produção de *T.* pedata. Uma vez que conhecem os frutos maduros, podem melhorar a sua produção plantando *T. pedata* nas florestas. Isto pode ser visto como uma medida geradora de rendimentos para encorajar a participação na GFJ. Este conhecimento é importante porque se os frutos que contêm nozes de T. pedata caírem quando estão maduros, serão comidos pelos castores. A importância do conhecimento indígena para a conservação das florestas também foi registada noutros estudos anteriores (Kajembe, 1994; Msuya, 1998).

O género tem uma influência significativa na produção, utilização e comercialização de *T. pedata* e *P. edulis.* A predominância masculina observada em actividades e decisões relacionadas com a plantação de *T. pedata* e árvores hospedeiras pode ser explicada pela insegurança da posse da terra por parte das mulheres. Normalmente, a posse da terra nesta área e na maioria das outras partes da Tanzânia ainda é patrilinear, e poucas mulheres viúvas conseguiram herdar a terra (Msuya *et al.*, 2006). De acordo com outros estudos anteriores (Msuya e Kapinga, 2006), as mulheres estão frequentemente envolvidas na venda de produtos florestais cujo valor não é tão elevado, como frutas, legumes, nozes, forragem e cestos. Os resultados deste estudo também mostram que a comercialização da castanha de *T.* pedata é um domínio das mulheres, embora as decisões sobre as despesas sejam maioritariamente controladas pelos homens.

O marketing baseia-se em grande medida na informação. Uma comercialização eficaz exige informações quantitativas e qualitativas pertinentes, fornecidas regularmente, de forma fiável e ao menor custo possível. Os resultados do presente estudo, que mostram que os produtores de *T. pedata* e *P. edulis* estão, na maioria dos casos, dependentes dos compradores, não são exclusivos desta zona. De acordo com Raintree e Francisco (1994), que analisaram o mercado de pequenos produtos arbóreos polivalentes nas Filipinas, a maioria dos produtores estava dependente dos compradores (sobretudo grossistas) como fonte de informação sobre preços. Consequentemente, os produtores estavam, em grande medida, à mercê dos intermediários no que respeita à disponibilidade e à exatidão da informação em que baseavam as suas decisões de comercialização. A informação sobre os nichos de mercado existentes para a *T. pedata* e a *P. edulis era* inadequada ou fragmentada, o que permitia aos pequenos agricultores fornecer os produtos a um negócio de milhares de milhões de dólares.

A procura crescente destes frutos secos e maracujás indígenas pode dever-se à sua importância para a população, desde os ricos aos pobres, devido ao seu sabor, carácter tradicional e benefícios para a saúde. No entanto, estratégias de marketing inadequadas para impulsionar a produção de *T. pedata* e *P. edulis* significam que estes só estão disponíveis em quantidades muito pequenas, o que, por sua vez, resulta numa oferta reduzida. Os principais desafios e problemas relacionados com a comercialização destes produtos estão, portanto, ligados ao aumento da procura em relação à oferta, o que leva a um aumento acentuado dos preços. Por outro lado, a ligação do mercado entre a produção e o consumo é ainda insuficiente. Embora a produção destes produtos seja limitada a nível local, o consumo (procura) está a aumentar até ao nível nacional.

A domesticação de *T. pedata* e *P. edulis* é fortemente influenciada pela disponibilidade de um mercado, uma vez que a procura dos seus produtos aumentou, conduzindo a preços competitivos nos mercados. O potencial de domesticação também se baseia noutros factores para além do rendimento. A domesticação é também o gatilho para a plantação e manutenção de árvores, uma vez que as árvores hospedeiras são importantes para a domesticação destas espécies. Apesar de existirem vários obstáculos à domesticação, acreditamos que a produção aumentará automaticamente se for encontrada uma solução para as pragas e doenças, uma vez que as comunidades locais estão conscientes da importância destas espécies e do seu potencial de mercado.A comercialização de *T. pedata* e *P. edulis* é influenciada por vários factores, como o aumento da procura em relação à oferta. Este parece ser o principal fator que atrai a comercialização destes produtos. Isto deve-se ao facto de a maioria das pessoas querer utilizar alimentos naturais para melhorar a sua saúde. *A T. pedata* e a *P. edulis* produzem alimentos naturais de alta qualidade, como o óleo e o sumo naturais, e a procura de alimentos naturais está atualmente a aumentar. Outros potenciais de comercialização são o mercado de *T. pedata* e P. *edulis*, que está relacionado com a elevada procura, mas também o facto de o óleo industrial ser muito caro em comparação com os frutos secos de *T.* pedata poderia aumentar a utilização destes frutos secos.No entanto, existem também alguns factores que dificultam a comercialização dos produtos destas espécies. A diminuição da disponibilidade de frutos secos e de maracujá destas espécies é um grande obstáculo à sua comercialização, bem como o aumento da publicidade do óleo alimentar industrial e do maracujá exótico e o facto de a produção ser ainda em pequenas quantidades.A degradação ambiental nas florestas foi o fator que desencadeou a domesticação de *T. pedata* e *P. edulis*. Além disso, o facto de *a T. pedata* e a P. *edulis* raramente se encontrarem nas florestas e o aumento da procura conduzem automaticamente à domesticação, resultando na plantação de árvores. A crença de que é pecado cortar árvores que albergam *T. pedata* também incentiva a conservação das florestas. A relação entre as florestas sagradas e a produção de *T. pedata* também reforça a conservação das florestas. Esta observação é consistente com as constatações de Ylhaisi (2006) de que as florestas sagradas do grupo étnico *Gweno* são mais bem protegidas do que as outras florestas no distrito de Mwanga porque albergam a famosa planta da noz *T. pedata*.

Capítulo 6 IMPLICAÇÕES POLÍTICAS

Tendo em conta as constatações acima expostas, passamos à questão de saber se o atual ambiente político na Tanzânia promove adequadamente a domesticação e a comercialização de produtos florestais não lenhosos menos conhecidos.

- Apesar das boas intenções do governo da Tanzânia em matéria de redução da pobreza, o potencial dos produtos florestais não madeireiros menos conhecidos, como as nozes de *T. pedata* e o maracujá indígena (*P. edulis*), como atividade geradora de rendimentos para as comunidades locais e respeitadora do ambiente, nunca foi reconhecido com a amplitude que merece. Mesmo quando o seu potencial é reconhecido, existem poucos incentivos políticos para promover a domesticação das espécies e a comercialização dos produtos. De facto, existe uma confusão política. Quando estas espécies se encontram nas florestas, são consideradas plantas florestais e são reguladas pela política florestal, mas quando são domesticadas em terrenos agrícolas ou perto de habitações, passam a ser culturas agrícolas e são reguladas pela política agrícola. No entanto, os agricultores que produzem estes produtos não sabem ao certo qual é o sector responsável pela regulamentação das actividades relacionadas. Por conseguinte, o governo pode melhorar a situação adoptando medidas que possam colmatar esta lacuna.

- Como o café, que durante anos foi uma importante fonte de rendimento para as comunidades locais da região, está a enfrentar problemas de mercado e a procura de alimentos naturais está a aumentar entre as populações rurais e urbanas, o governo poderia promover a *T. pedata* e a *P. edulis* como fontes de rendimento, preenchendo assim a lacuna deixada pelo café. Isto poderia ser feito através da introdução de farinhas para óleos de moagem de *T. pedata* e deveria ser considerado na política agrícola.

- As comunidades locais são geralmente os iniciadores do conhecimento sobre a utilização e produção destas espécies. Por conseguinte, os seus conhecimentos devem ser tidos em conta e integrados nos conhecimentos convencionais aquando da formalização destas culturas e da sua classificação como "culturas de rendimento".

- No que diz respeito à GFP, existe algum potencial para desenvolver um programa de

GFJ bem sucedido, promovendo actividades alternativas de geração de rendimentos baseadas na produção e comercialização de *T. pedata* e *P. edulis.* Como estas trepadeiras necessitam de árvores hospedeiras e não matam os seus hospedeiros, as árvores florestais poderiam ser utilizadas como árvores hospedeiras para elas, promovendo assim a participação na GFJ.

Capítulo 7 APLICAÇÃO DOS RESULTADOS À MELHORIA DA GESTÃO FLORESTAL

A promoção da domesticação e comercialização de *T. pedata,* que tem um teor comprovadamente elevado de óleo comestível sem colesterol (60%), e de *P. edulis,* que tem um elevado potencial de seiva, especialmente nos centros urbanos e periurbanos, melhorará o rendimento das comunidades rurais e urbanas e promoverá a conservação das florestas. Este objetivo será alcançado através do aumento da plantação de árvores nas explorações agrícolas (árvores hospedeiras destas espécies) e da melhoria da participação na Gestão Florestal Conjunta, permitindo às comunidades locais plantar as espécies nas florestas e utilizar as árvores florestais como árvores hospedeiras. Uma vez que as comunidades locais sabem que podem gerar rendimentos a partir dos frutos e nozes, estão dispostas a participar em actividades de GFC destinadas à conservação das florestas. Por outro lado, a promoção da domesticação e comercialização de PFNM menos conhecidos facilitará o desenvolvimento de microempresas para a transformação e venda destes produtos, estimulando assim a sua utilização, melhorando os meios de subsistência das comunidades locais e reduzindo a dependência de actividades destrutivas relacionadas com a floresta como fonte de rendimento, o que, por sua vez, melhora a conservação da floresta.

- Os produtos florestais não lenhosos menos conhecidos, como os frutos secos de *T. pedata* e os maracujás de *P.* edulis, desempenham um papel importante na redução da pobreza, uma vez que constituem uma fonte alternativa de rendimento para as populações rurais e urbanas.

- Os produtos florestais não lenhosos menos conhecidos, como os frutos secos de *T. pedata* e os maracujás de *P.* edulis, desempenham um papel importante na conservação das florestas, quer através da promoção da plantação e conservação de árvores, quer através da redução da dependência dos produtos florestais como fonte de rendimento. A razão para este facto é que estes produtos têm um bom mercado e uma melhor domesticação poderia aumentar a produção se fosse fortemente encorajada.

- A procura é maior do que a oferta, o que significa que a produção destes frutos secos e maracujás indígenas não satisfez a procura do mercado. A produção e comercialização de *T. pedata* e *P. edulis* poderiam colmatar esta lacuna. Embora a produção e comercialização de *T. pedata* e *P. edulis* tenham *o* potencial de garantir o sucesso do JFM, proporcionando actividades alternativas de geração de rendimentos, as pragas e doenças, bem como a promoção de maracujás exóticos, tornam a estratégia menos viável.

- Um dos factores mais importantes que desafiam o potencial de comercialização destes produtos é o aumento da procura, que representa um importante potencial de comercialização.

Referências

Harkonen, M., Niemela, T. e Mwasumbi, L. 2003. Tanzanian mushrooms: edible, harmful and other fungi. Museu Botânico, Museu Finlandês de História Natural, Helsínquia. 200 páginas.

Jaenicke, H. e Hoschle-Zeledon, I. (eds.) 2006. Strategic Framework for Underutilised Plant Species Research and Development, with Special Reference to Asia and the Pacific, and to Sub-Saharan Africa. International Centre for Underutilised Crops, Colombo, Sri Lanka e Global Facilitation Unit for Underutilized Species, Roma, Itália. 33 páginas.

Kajembe, G.C. 1994 Os sistemas de gestão indígena como base para a gestão comunitária Silvicultura na Tanzânia. Um estudo de caso sobre os distritos de Dodoma Urban e Lushoto. Série Tropical Resource Management. No. 6; Universidade Agrícola de Wageningen. Países Baixos.

Leakey, R. 2005. Potencial de domesticação da Marula (*Sclerocarya birrea* subsp. *caffra*) na África do Sul e na Namíbia. *Agroforestry Systems* **64(1):** 51 -59.

Madoffe, S., Dino, A. e Mombo, F. 2005. Desenvolvimento de uma estratégia para a geração de rendimentos sustentáveis a partir de uma planta medicinal valiosa, *Prunus africana,* nos distritos de Kilimanjaro. Relatório Anual da Investigação sobre o Alívio da Pobreza (REPOA). 111 páginas.

Mbwambo, L., Mndolwa, M.A., Petro, R., Balama, C. e Mugasha, W. 2005. *Boswellia neglecta*: Uma fonte negligenciada de resina valiosa (incenso) para a economia rural na Tanzânia. *TAFORI Newsletter* Vol. 5, No. 2: 25-30.

Mikkelsen, B. 1995, Methods for Development Work and Research; A Guide for Practitioners. Sage publications India Pvt Ltd, New Delhi. 296 páginas.

MNRT, 2001 Programa Nacional de Silvicultura na Tanzânia (2001-2010). Departamento de Silvicultura e Apicultura. Ministério dos Recursos Naturais e do Turismo (MNRT). Dar es Salaam. 90 páginas.

Msuya, T.S. 1998. Utilização e métodos de conservação indígenas de plantas selvagens: Um caso das Montanhas de Usambara Ocidental, Tanzânia. Tese de mestrado não publicada. NORAGRIC, Universidade Norueguesa de Agricultura. 112 páginas.

Msuya, T.S., Mndolwa, M.A., Kindo, A. e Shilogile, E. 2004a. Role of Joint Forest Management in poverty alleviation and sustainable livelihood four years experience: The case of the Ruvu Fuelwood Pilot Project, Tanzania. Um documento apresentado no Segundo Simpósio Mundial sobre Género e Silvicultura, realizado no Mweka Wildlife College, Tanzânia, 1-10 de agosto de 2004.

Msuya, T.S., Mndolwa, M.A., Mgumia, F.H. 2004b. Alimentos florestais indígenas e alimentos domésticos

Security: Observations from communities in the Uluguru North and West Usambara Mountains, Tanzania. Documento apresentado no Segundo Simpósio Global sobre Género e Silvicultura, realizado no Mweka Wildlife College, Tanzânia, de 1 a 10 de agosto de 2004.

Msuya, T.S. and Kapinga, C. 2006. Tree Products Market Chains and Trade Arrangements in the ECA Region: The Case of Arsha and Kilimanjaro, Tanzania. Relatório do projeto Tree on Farm land Network (TOFNET) apresentado à Associação para o Reforço da Investigação Agrícola na África Oriental e Central (ASARECA). 31 páginas.

Msuya, T.S., Mndolwa, M.A., Kapinga, C. e Kagosi, P. 2006. Género e factores socioeconómicos que afectam a domesticação de plantas medicinais como uma prática agroflorestal indígena nas Montanhas Usambara Ocidentais, Tanzânia. In: S.A.O. Chamshama et al. (Eds). Partnerships and Linkages for Greater Impact in Agroforestry and Environmental Awareness. Actas do Segundo Workshop Nacional sobre Agroflorestação e Ambiente realizado em Mbeya de 14 a 17 de março de 2006. pp. 156 - 163.

Msuya, T.S., Mndolwa, M.A., Kapinga, C. 2008. Domesticação: um método indígena de conservação da diversidade vegetal em terras agrícolas nas Montanhas Usambara Ocidentais, Tanzânia. Africano. Journal of. Ecology, 46 (Suppl. 1), 74 - 78.

Mwihomeke, S.T.; Msangi, T.H.; Mabula, C.K.; Ylhaisi, J. & C.K. Mndeme. (1998)

Florestas tradicionalmente protegidas e conservação nas Montanhas North Pare e no Distrito de Handeni, Tanzânia. *Journal of East African Natural History.* **87,** 279-290.

Nyambo, A., Nyomora, A., Ruffo, C.K. e Tengnas, B. 2005. fruits and nuts: Espécies com potencial para a Tanzânia. Unidade Regional de Gestão de Terras (RELMA no ICRAF), Centro Mundial de Agroflorestação - Programa Regional da África Central e Oriental. Nairobi. 160 páginas.

Oduol, P.A., Swai, R. e Ruvuga, S. 2004. Empoderamento das mulheres através da utilização sustentável dos recursos florestais de Miombo. Um documento apresentado no Segundo Simpósio Mundial sobre Género e Silvicultura realizado no Mweka Wildlife College, Tanzânia, 1-10 de agosto de 2004.

Raintree, J.B. & Francisco, H.A., eds. 1994. *Actas do Workshop sobre a Comercialização de Produtos Arbóreos Polivalentes na Ásia,* Cidade de Baguio, Filipinas, 6-9 de dezembro de 1993. Banguecoque, Winrock International

Ruffo, C.K., Birnie, A. e Tengnas, B. 2002. edible wild plants in Tanzania. Unidade Regional de Gestão do Território (RELMA), Agência Sueca de Cooperação para o Desenvolvimento Internacional (SIDA). Nairobi. 766 páginas.

TAFORI, 1999. quadro nacional de investigação florestal (NAFORM) 2000-2009. silvicultura da tanzânia

Instituto de Investigação (TAFORI). Morogoro. 61 páginas.

URT, 2006. MKUKUTA, Estratégia Nacional para o Crescimento e a Redução da

Pobreza: Progressos no sentido da realização dos objectivos de crescimento,

bem-estar social e governação na Tanzânia. Ministério do Planeamento,

Assuntos Económicos e Empoderamento, República Unida da Tanzânia. Dar es

Salaam. 58 páginas.

Ylhaisi J. 2006: Florestas tradicionalmente protegidas e florestas sagradas dos grupos

étnicos Zigua e Gweno na Tanzânia. Helsingin Yliopiston Maantieteen

Laitoksen JulkaisujaPublicationes Instituti Geographici Universitas

Helsingiensis. 37 pp.

Índice

I want morebooks!

Buy your books fast and straightforward online - at one of world's fastest growing online book stores! Environmentally sound due to Print-on-Demand technologies.

Buy your books online at
www.morebooks.shop

Compre os seus livros mais rápido e diretamente na internet, em uma das livrarias on-line com o maior crescimento no mundo! Produção que protege o meio ambiente através das tecnologias de impressão sob demanda.

Compre os seus livros on-line em
www.morebooks.shop

Printed by Books on Demand GmbH, Norderstedt / Germany